Beauty Chinese Speaking

뷰티중국어 실습서

basic

美容中文实习书

구민사

권오혁 교수

현) 한성대학교 뷰티디자인매니지먼트학과 교수
현) 대한미용사회중앙회 두피분과위원
현) 한국미용학회 이사
현) 대한미용학회 상임이사
한국보건산업진흥원 소상공인 컨설턴트
통일부장관 사회봉사 대상

한 명 선생님

한성대학교 뷰티디자인매니지먼트학과 박사과정
현) 한성대학교 강사
전) 대련예술대학교 강사
전) Hengdian college of Movie &Television 강사

權五赫教授

現) 漢成大學校 人物形象设计管理系 教授
現) 大韓美容社會 頭皮分科委員
現) 韓國美容學會 理事
現) 大韓美容學會 常任理事
韓國保健産業振興院 小商工人 經營士
統一部長官 社會奉仕 大賞

韩明老师

韩国汉城大学人物形象设计管理系 博士
现) 韩国汉城大学 教师
前) 大连艺术学院 教师
前) 浙江横店影视职业学院 教师

Beauty Chinese Speaking
뷰티중국어 실습서 basic
美容中文实习书

2018년 12월 10일 초판 인쇄
2018년 12월 17일 초판 발행

저　　자 | 권오혁 · 한명
발 행 인 | 조규백
발 행 처 | 도서출판 구민사
(07293) 서울시 영등포구 문래북로 116, 604호(문래동 3가 46, 트리플렉스)
전　　화 | (02) 701-7421~2
팩　　스 | (02) 3273-6942
홈페이지 | www.kuhminsa.co.kr
신고번호 | 제 2012-000055호(1980년 2월 4일)
I S B N | 979-11-5813-615-4 (93720)
정　　가 | 17,000원

Beauty Chinese Speaking

뷰티중국어 실습서 basic

美容中文实习书

머리말

한국 미용 기술은 수많은 정보와 콘텐츠를 통해 많은 발전을 거듭하고 있으며 최근 화장품, 헤어, 네일, 메이크업, 에스테틱, 반영구, 두피 등 다양한 분야에서 K-beauty 열풍을 일으키며 아시아를 넘어 세계를 리드하는 위치에 있는 것이 현실이다.

1999년부터 오늘까지 미용 교육을 위해 중국을 오가며 교육 비즈니스를 하는 데 있어 의사소통의 문제로 늘 아쉬움이 남았고, 세계적으로 주목받는 한국 뷰티 산업의 종사자와 미래의 종사자가 될 학생들에게 이러한 언어의 문제를 보완해주고자 중국 청도 출신이며 현재 한성대학교 박사 과정에 계신 분과 본 교재를 집필하게 되었다.

기본적인 단어와 실제 실무에서 사용하는 문장들을 숙지하고, 해당 상황의 사진을 붙여 자신만의 책을 만들어 사용해보면 마냥 어렵게만 느껴지던 중국어에 한걸음 더 가까워지는데 도움이 될 것이다.

마지막으로 집필 과정에 도움을 주신 모든 분들께 충심으로 감사드리며, 이 책의 출판을 위해 적극적으로 후원해주신 도서출판 구민사 조규백 대표님과 직원 여러분께 깊은 감사를 드린다.

저자 일동

前言

韩国美容技术经过不断发展，当今在化妆品，发型，美甲，化妆，皮肤护理，半永久，头皮等各个领域掀起一阵热潮，K-beauty引领着亚洲乃至世界已是事实。

作者从1999年开始至今，为了美业教育事业往返于中韩两国，但也因语言交流问题，留下了一些缺憾。为了给倍受世界瞩目的韩国美业从事者和未来将成为韩国美业从事者的学生们完善语言问题，和出生于中国青岛现攻读于韩国汉城大学的博士一同编著了此书。

通过编著此书熟知了基本的单词和实际操作中能运用到的句子，再贴上相关的照片，对困难的中国语学习有了很大的帮助。

再此，衷心地感谢在编著本书过程中给予过帮助的所有人，以及对KUHMINSA
出版社赵奎白代表和其职员们表示深深地感谢。

作者 权五赫 (韩国)
韩 明 (中国)

CONTENTS

I

汉语拼音

한 어 병 음
hàn yǔ pīn yīn

汉语音节构成

중국어의 음절 구성

汉语的音节由声母、韵母和声调三部分构成，叫做‘汉语拼音’

중국어의 음절은 성모와 운모, 성조로 구성되며 이를 ‘한어병음’이라고 한다.

1 韵母 | 운모

单韵母 단운모

最基本的韵母. 一共有6个

하나의 모음으로 발음되는 소리로 가장 기본이 되는 운모이다.

a	a	o	o	e	e
i (yi)	i	u (wu)	u	ü (yu)	ü

2 声母 | 성모

双唇音 쌍순음

上下唇音

윗입술과 아랫입술 소리

b (bo)	b	p (po)	p	m (mo)	m

唇齒音
순치음

上下唇音
윗입술과 아랫입술 소리

f
(fo)

f

舌尖音
설첨음

舌尖与上齿音
혀끝과 윗잇몸 소리

d (de)	d	t (te)	t	n (ne)	n
l (le)	l				

舌根音 설근음

舌根与腭音
허뿌리와 입천장 소리

g (ge)

k (ke)

h (he)

舌面音 설면음

舌面与腭音
혓바닥과 입천장 소리

j (ji)

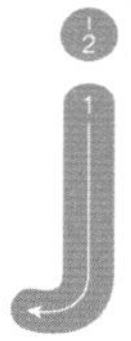

q (qi)

x (xi)

舌尖前音 설첨전음

舌尖前音
혀끝 앞소리

z (zi)

c (ci)

s (si)

舌尖后音 설첨후음

舌尖后音
혀끝 뒷소리

zh (zhi) zh

ch (chi) ch

sh (shi) sh

r (ri) r

3 复韵母, 鼻韵母, 结合韵母 | 복운모, 비운모, 결합운모

复韵母 복운모

ai ai　ei ei　ao ao

ou ou

鼻韵母 비운모

an an　en en

ang ang　eng eng　ong ong

结合韵母 결합운모 (i+ 韵母) i + 운모

ia (ya)	**ie** (ye)	**iao** (yao)
iou (iu) (you)	**ian** (yan)	in (yin)
iang (yang)	**ing** (ying)	**iong** (yong)

结合韵母 결합운모 (u+ 韵母) u + 운모

ua (wa)	**uo** (wo)	**uai** (wai)
ue i(ui) (wei)	**uan** (wan)	**uen** (un) (wen)
uang (wang)	**ueng** (weng)	

结合韵母 결합운모 (ü+ 韵母) ü + 운모

üe (yue)	**üan** (yuan)	**ün** (yun)

卷舌韵母 권설운모

er

* iou, uei, uen는 성모와 결합할 경우, iu, ui, un으로 표기한다.

4 声调 | 성조

声调是汉语音节的抑扬顿挫

성조는 중국어의 음절이 갖고 있는 소리의 높낮이를 말한다.

汉语的基本声调由一声、二声、三声、四声和轻声组成

제1성, 제2성, 제3성, 제4성과 경성이 있다.

汉语的声调有区别意义的作用

발음이 같아도 성조가 다르면 의미가 달라진다.

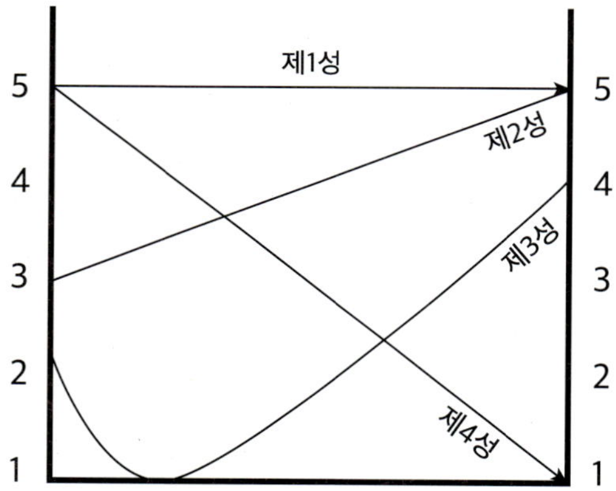

一声：平

제1성 : 처음부터 끝까지 높은 음을 유지해 발음한다.

二声：扬

제2성 : 처음은 비교적 낮은 음으로 시작하다가 제일 높은 위치까지 단번에 올려준다.

三声：拐弯

제3성 : 가장 낮은 위치까지 내려갔다가 살짝 올려준다.

四声：降

제4성 : 가장 높은 음에서 가장 낮은 음으로 소리를 뚝 떨어뜨린다.

轻声

경성

轻声是去掉原来的声调轻、短的发音

경성은 원래의 성조를 잃고 가볍고 짧게 발음한다.

轻声不用单独标声调

성조는 표기하지 않는다.

제3성의 성조 변화

제3성 + 제3성

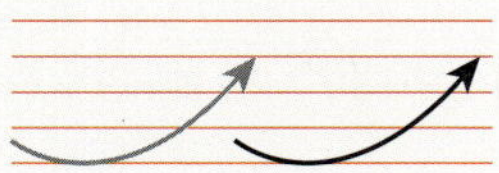

제2성 + 제3성

안녕	과일
你好	水果
Nǐ hǎo → Ní hǎo	Shuǐguǒ → Shuíguǒ

3성+3성의 경우 앞의 성조를 2성으로 발음한다.

bu의 성조 변화

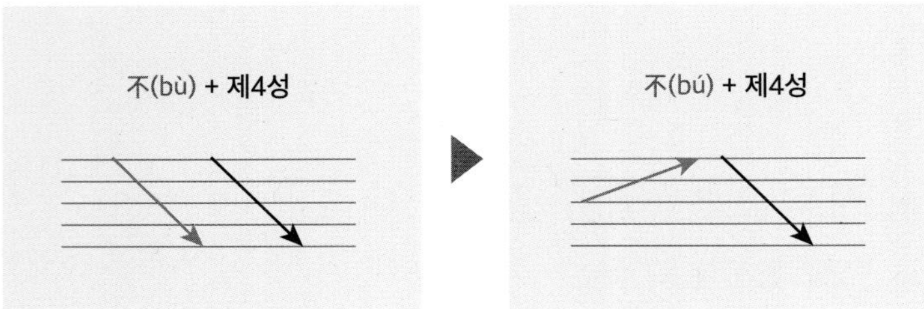

不(4성) 바로 뒤에 4성이 붙을 경우, 不를 2성으로 발음한다.

숫 자 数字 shù zì

1	2	3	4	5	6	7	8	9	10	0
一	二	三	四	五	六	七	八	九	十	零
yī	èr	sān	sì	wǔ	liù	qī	bā	jiǔ	shí	líng
이	얼	싼	쓰	우	리우	치	빠	지우	슬	링

20	30	40	50	60	70	80	90	100	1000	10000
二十	三十	四十	五十	六十	七十	八十	九十	一百	一千	一万
èr shí	sān shí	sì shí	wǔ shí	liù shí	qī shí	bā shí	jiǔ shí	yī bǎi	yī qiān	yī wàn
얼슬	싸슬	쓰슬	우슬	리우슬	치슬	빠슬	지우슬	이바이	이치앤	이완

한어병음의 표기

1. 성조는 운모 위에 표기한다.

2. 운모가 두 개 이상일 경우 입을 벌리는 정도가 큰 운모 순으로 성조를 표기한다.

a > o > e > i > u > ü

3. 운모 i에 성조를 표기할 경우 i 위의 점은 생략한다.

4. 운모 i와 u가 나란히 있는 경우, 뒤에 오는 운모에 성조를 표기한다.

중국어 기본 어순

주어 + 술어 + (목적어)

我 是 韩国人。
我 爱 你。

색 깔 颜色 yán sè

红色 hóngsè 빨간색	绿色 lǜsè 초록색	浅蓝色 qiǎnlánsè 하늘색	黄色 huángsè 노란색	橙色 chéngsè 주황색
棕色 zōngsè 밤색	紫色 zǐsè 보라색	黑色 hēisè 검은색	灰色 huīsè 회색	白色 báisè 흰색
粉红色 fěnhóngsè 분홍색	群青色 qúnqīngsè 남색	蓝色 lánsè 파란색	金色 jīnsè 금색	银色 yínsè 은색

과 일 水果 shuǐ guǒ

苹果
píng guǒ
사과

香蕉
xiāng jiāo
바나나

草莓
cǎo méi
딸기

梨
lí
배

西瓜
xī guā
수박

橘子
jú zi
귤

柚子
yòu zi
유자

芒果
máng guǒ
망고

猕猴桃
mí hóu táo
키위

柠檬
níng méng
레몬

火龙果
huǒ lóng guǒ
용과

榴莲
liú lián
두리안

杏
xìng
살구

桃
táo
복숭아

荔枝
lì zhī
여지

음식 饮食 yǐn shí

火锅

huǒ guō

화과

麻婆豆腐

má pó dòu fǔ

마파두부

北京烤鸭

běi jīng kǎo yā

베이징 덕

小笼包

xiǎo lóng bāo

소룡포

红烧肉

hóng shāo ròu

홍효육

泡菜

pào cài

김치

泡菜汤

pào cài tāng

김치찌개

烤肉

kǎo ròu

불고기

猪蹄

zhū tí

족발

炒年糕

chǎo nián gāo

떡볶이

汉堡

hàn bǎo

햄버거

蛋挞

dàn tà

에그타르트

茶

chá

차

奶茶

nǎi chá

나이차

咖啡

kā fēi

커피

패션 服装 fú zhuāng

西装
xī zhuāng
양복

衬衫
chèn shān
셔츠

T恤
tī xù
티셔츠

夹克
jiā kè
재킷

毛衣
máo yī
털옷

牛仔裤
niú zǎi kù
청바지

运动服
yùn dòng fú
운동복

连衣裙
lián yī qún
원피스

裙子
qún zi
치마

内衣
nèi yī
속옷

领带
lǐng dài
넥타이

袜子
wà zi
양말

胸针
xiōng zhēn
브로치

皮鞋
pí xié
구두

高跟鞋
gāo gēn xié
하이힐

화 장 품 化妆品 huà zhuāng pǐn

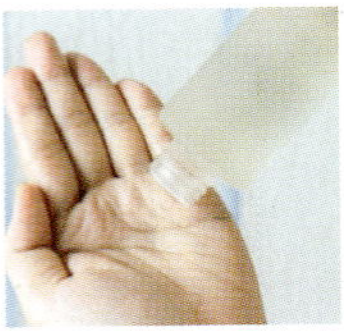

化妆水
huàzhuāng shuǐ
화장수

乳液
rǔ yè
로션

眼霜
yǎn shuāng
아이크림

面霜
miàn shuāng
크림

精华
jīng huá
에센스

防晒霜
fáng shài shuāng
선크림

隔离霜
gé lí shuāng
메이크업 베이스

粉底液
fěn dǐ yè
파운데이션

气垫BB
qì diàn
비비쿠션

定妆粉
dìng zhuāng fěn
파우더

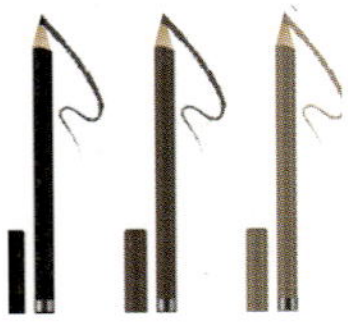

眉笔
méi bǐ
아이브로우 연필

眼影
yǎn yǐng
아이섀도

口红
kǒu hóng
립스틱

腮红
sāi hóng
블러셔

香水
xiāng shuǐ
향수

뷰티기기 美容仪器 měi róng yí qì

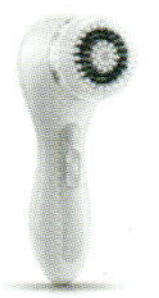

洗脸仪
xǐ liǎn yí
클렌징 기기

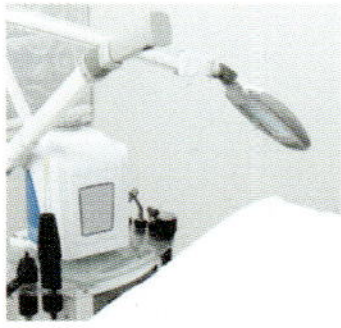

美容仪
měi róng yí
미용 기기

皮肤震动 按摩仪
pí fū zhèn dòng àn mó yí
피부 진동 마사지기

毛孔缩小 按摩仪
máo kǒng suō xiǎo àn mó yí
모공 축소 마사지기

刮痧板
guā shā bǎn
괄사 기기

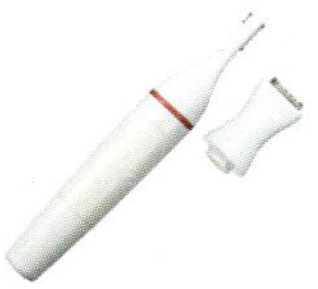

电动刮眉刀
diàn dòng guā méi dāo
전동 눈썹칼

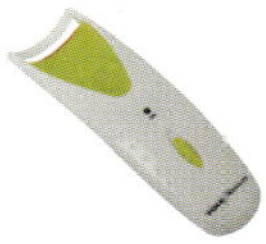

电动睫毛夹
diàn dòng guā méi dāo
전동 뷰러

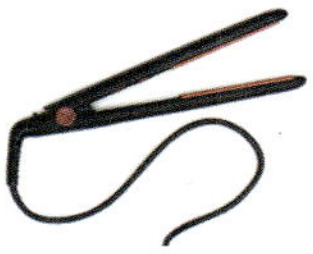

电子梳
diàn zǐ shū
전자 브러시

眼部按摩仪
yǎn bù àn mó yí
눈 마사지기

脱毛仪
tuō máo yí
제모기

卷发棒
juǎn fà bàng
아이론

美甲光疗机
měi jiǎ guāng liáo jī
젤네일 건조기

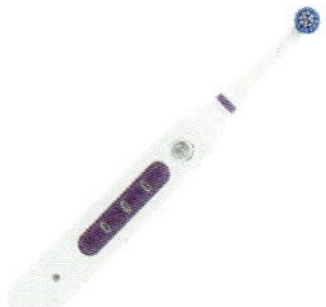

电动牙刷
diàn dòng yá huā
전동 칫솔

剃须刀
tì xū dāo
면도기

吹风机
chuī fēng jī
드라이기

신체용어 身体用语 shēn tǐ yòng yǔ

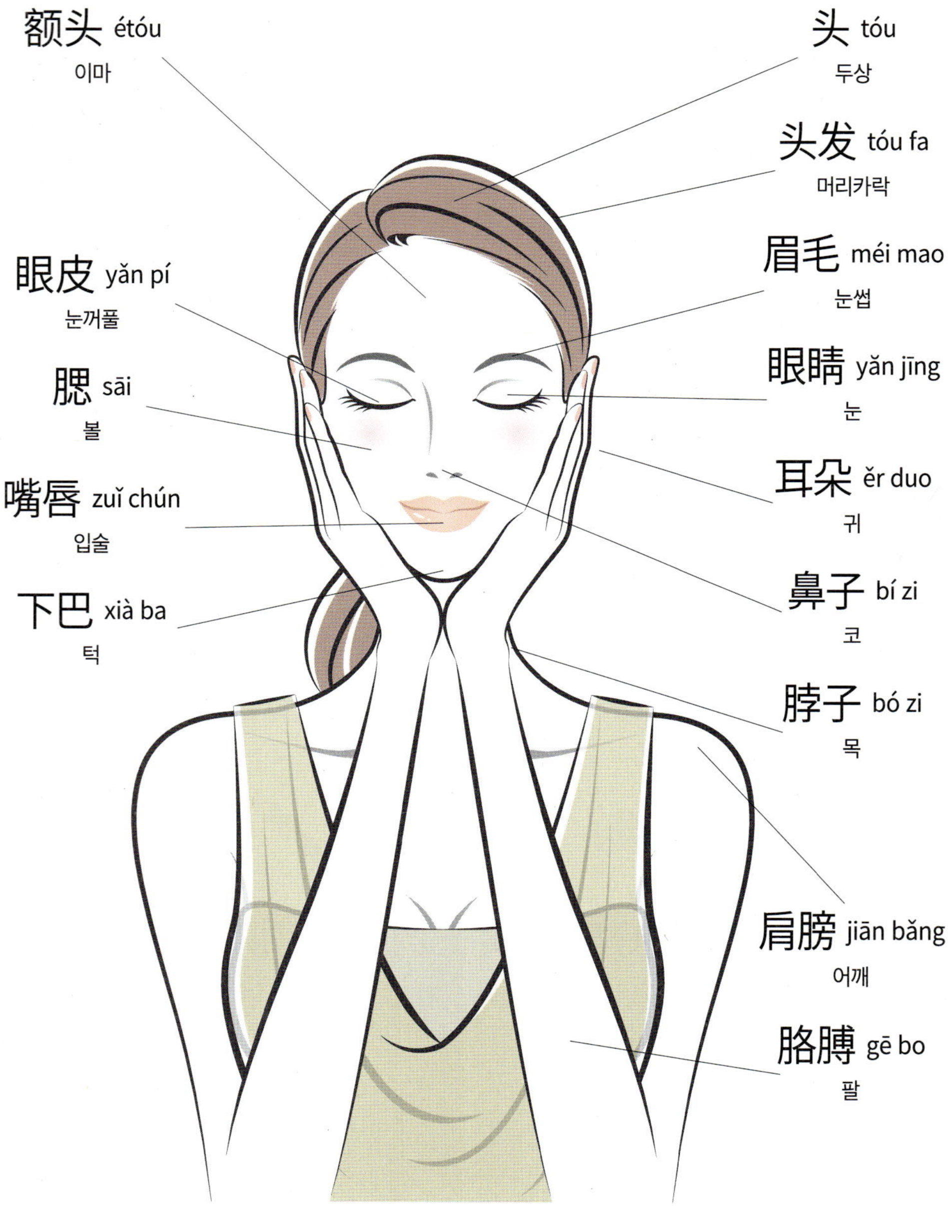

시 간 時間 shijian

秒	分	刻	点	天	周	月	分期	年
miǎo	fēn	kè	diǎn	tiān	zhōu	yuè	fencha	nián
초	분	각	시	날	요일	월	분기	년
미아오	펀	커	디엔	티엔	씽치	위에	번차	니엔

早上	上午	中午	下午	晚上	凌晨	今天	明天	后天
zǎo shang	shàng wǔ	zhōng wǔ	xià wǔ	wǎn shang	líng chén	jīn tiān	míng tiān	hòu tiān
아침	오전	정오	오후	저녁	새벽	오늘	내일	모레
자오 샹	샹우	쫑우	시아 우	완샹	링천	찐 티엔	밍 티엔	호우 티엔

星期一	星期二	星期三	星期四	星期五	星期六	星期天	周中	周末
xīng qī yī	xīng qī èr	xīng qī sān	xīng qī sì	xīng qī wǔ	xīng qī liù	xīng qī tiān	zhōu zhōng	zhōu mò
월요일	화요일	수요일	목요일	금요일	토요일	일요일	평일	주말
씽치일	씽치얼	씨치싼	씽치쓰	씨치우	씽치리우	씽치티엔	쭈쭝	쭈모

가 족 家族 jia zu

祖父 - 祖母

zǔ fù – zǔ mǔ

조부/조모

姑丈 - 姑妈

gū zhàng - gū mā

고모부/고모

伯父 - 伯母

bó fù - bó mǔ

백부/백모

叔叔 - 婶婶

shū shu - shěn shen

숙부/숙모

父亲(爸爸)

fù qīn(baba)

부친

表兄弟 - 表姐妹

biǎo xiōng dì - biǎo jiě mèi

고종사촌

堂兄弟 - 堂姐妹

táng xiōng dì - táng jiě mèi

사촌

哥哥 - 嫂子

gē ge - sǎo zi

형/오빠/형수/올케

弟弟 - 弟媳

dì di - dì xí

남동생/제수/올케

我

wǒ

나

侄子 - 侄女

zhí zi - zhí nǚ

조카(질녀)

儿子 - 儿媳

ér zi - ér xí

아들/며느리

孙子 - 孙女

sūn zi sūn nǚ

손자 손녀

	外祖父 - 外祖母 wài zǔ fù - wài zǔ mǔ 외조부/외조모			
母亲(妈妈) **mǔ qīn(mama)** **모친**		舅舅 - 舅妈 jiù jiu - jiù mā 외삼촌/외숙모	姨夫 - 姨妈 yí fu - yí mā 이모부/이모	
我 **wǒ** **나**	姐夫 - 姐姐 jiě fu - jiě jie 매형/형부/누나/언니	妹夫 - 妹妹 mèi fu - mèi mei 매제/제부/여동생	表兄弟 - 表姐妹 biǎo xiōng dì - biǎo jiě mèi 외사촌	表兄弟 - 表姐妹 biǎo xiōng dì - biǎo jiě mèi 이종사촌
女婿 - 女儿 **nǚ xu - nǚ ér** **사위/딸**	外甥 wài sheng 생질	外甥女 wài sheng nǚ 생질녀		
外孙 - 外孙女 wài sūn - wài sūn nǚ 외손녀/외손자				

Ⅱ
中文问候

중국어로 인사하기

zhōng wén wèn hòu

你好！	**Nǐ hǎo**	안녕하세요 !
老师好！	**Lǎoshī hǎo**	선생님 안녕하세요 !
大家好！	**Dàjiā hǎo**	여러분 안녕하세요 !
谢谢！	**Xièxiè**	감사합니다 !
不客气！	**Búkèqi**	천만에요 !
再见	**Zàijiàn**	안녕히 가세요
再见	**Zàijiàn**	안녕히 계세요
我爱你	**Wǒ ài nǐ**	사랑합니다

你叫什么名字？	**Nǐ jiào shénme míngzi**	당신의 이름은 무엇입니까?
我叫李明。	**Wǒ jiào Lǐ Míng。**	제 이름은 이명입니다.
你是哪国人？	**Nǐ shì nǎ guó rén?**	당신은 어느 나라 사람 입니까?
我是韩国人。	**Wǒ shì hán guó rén。**	저는 한국 사람입니다.
你家在哪？	**Nǐ jiā zài nǎr?**	당신의 집은 어디에 있습니까?
我家在首尔。	**Wǒ jiā zài Shǒu'ěr。**	우리 집은 서울에 있습니다.
你家有几口人？	**Nǐ jiā yǒu jǐ kǒu rén?**	당신의 집은 식구 몇 명이 있습니까?
我家有三口人。	**Wǒ jiā yǒu sān kǒu rén。**	저의 집은 식구 세 명이 있습니다.

对不起！	**Duì bù qǐ**	죄송합니다!
没关系。	**Méi guān xi**	괜찮습니다.
你想喝什么？	**Nǐ xiǎng hē shén me?**	뭐 드시고 싶습니까?
我想喝茶。	**Wǒ xiǎng hē chá。**	저는 차를 마시고 싶습니다.
认识你，很高兴。	**Rèn shī nǐ , hěn gāo xìng。**	만나서 반갑습니다.
你多大？	**Nǐ duō dà?**	당신 나이가 어떻게 됩니까?
我二十九岁。	**Wǒ èr shí jiǔ suì。**	저는 스물아홉 살입니다.
今天几月几号？	**Jīn tiān jǐ yuè jǐ hào?**	오늘이 몇 월 며칠입니까?

今天三月十二号。	**Jīn tiān sān yuè shí èr hào?**	오늘은 3월 12일입니다.
明天星期几？	**Míng tiān xīng qī jǐ?**	내일은 무슨 요일입니까?
明天星期天。	**Míng tiān xīng qī tiān。**	내일은 일요일입니다.
现在几点？	**Xiàn zài jǐ diǎn?**	지금 몇 시입니까?
现在十点八分。	**Xiàn zài shí diǎn bā fēn。**	지금 10시 8분입니다.
你吃饭了吗？	**Nǐ chī fàn le ma?**	밥을 먹었습니까?
没有，十二点吃饭。	**Méi yǒu,shí èr diǎnchī fàn.**	아니요. 12시에 먹습니다.
今天天气怎么样？	**jīn tiān tiān qì zěn me yàng?**	오늘 날씨가 어떻습니까?

今天比昨天冷。	**Jīn tiān bǐ zuó tiān lěng。**	오늘은 어제보다 춥습니다.
你身体怎么样？	**Nǐ shēn tǐ zěn me yàng?**	당신 몸은 어떻습니까?
我发烧了。	**Wǒ fā shāo le。**	저 열이 났습니다.
你喜欢什么？	**Nǐ xǐ huan shén me?**	당신은 무엇을 좋아합니까?
我喜欢化妆。	**Wo xǐ huanhuà zhuāng。**	저는 메이크업 하는 것을 좋아합니다.
一共多少钱？	**Yī gòng duō shao qián?**	모두 얼마입니까?
八十块五毛。	**Bā shí kuài wǔ máo 。**	80.5위엔입니다.
你会说汉语吗？	**Nǐ huì shuō hàn yǔ ma?**	당신은 중국어를 할 줄 압니까?

我会说汉语。	**Wǒ huì shuō hàn yǔ。**	저는 중국어를 할 줄 압니다.
这里有人吗?	**Zhè lǐ yǒu rén ma?**	여기 사람 있습니까?
没有。	**Méi yǒu。**	없습니다.
电影院在哪儿?	**Diàn yǐng yuàn zài nǎr?**	영화관이 어디에 있습니까?
在青岛大学后面。	**Zài qīng dǎo dà xué hòu miàn。**	청도대학교 뒤에 있습니다.
附近有地铁站吗?	**Fù jìn yǒu dì tiě zhàn ma?**	근처에 지하철역이 있습니까?
有，离这儿很近。	**Yǒu,lí zhèr hěn jìn.**	있습니다. 여기와 가깝습니다.

Ⅲ

美容发型用语

미 용 (헤 어, 메 이 크 업) 용 어

měi róng fà xíng yòng yǔ

1 发型用语 | 헤어 용어 fà xíng yòng yǔ

1 基本用語 기본 용어

jī běn yòng yǔ

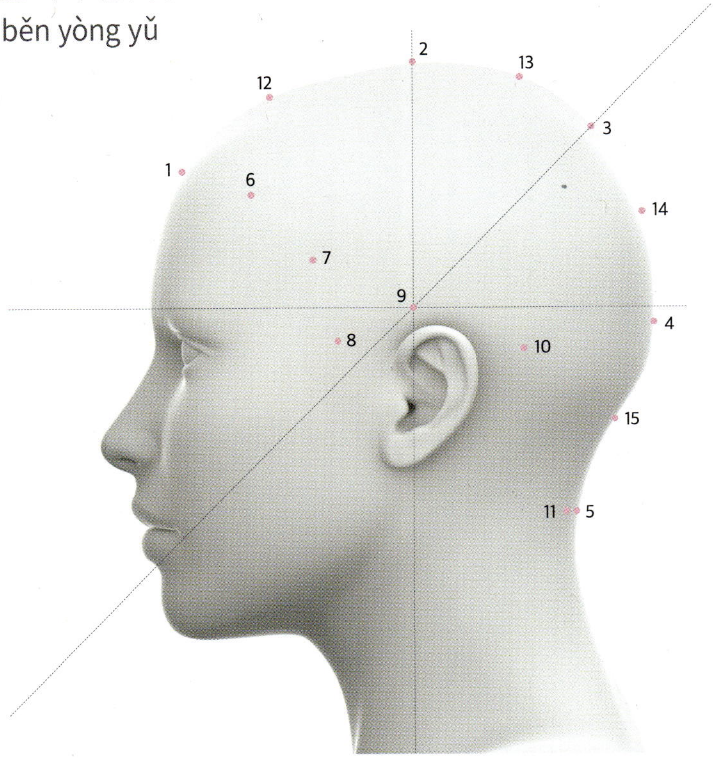

頭部15點 두상의 15포인트 tóu bù de 15 diǎn

1. **C.P**(Center Point)
2. **T.P**(Top Point)
3. **G.P**(Golden Point)
4. **B.P**(Back Point)
5. **N.P**(Nape Point)
6. **F.S.P**(Front Side Point)
7. **S.P**(Side Point)
8. **S.C.P**(Side Coner Point)
9. **E.P**(Ear Point)
10. **E.B.P**(Ear Back Point)
11. **N.S.P**(Nape Side Point)
12. **C.T.M.P**(Center Top Medium Point)
13. **T.G.M.P**(Top Golden Medium Point)
14. **G.B.M.P**(Golden Back Medium Point)
15. **B.N.M.P**(Back Nape Medium Point)

1. 두상의 명칭 알기 頭部名稱 tóu bù de míng chēng

分区 separation ( )	분리
区 part ( )	side, front, top, crown, back, nape의 6개로 구분하며 winding 시술 시 커트의 경우와 거의 같은 데, 커트의 기본 블록보다 더 작게 구분
头部正中间部位 top ( )	머리의 가운데 부분
头正部 crown ( )	두정부
头前面部分 front ( )	머리 앞쪽 부분
两侧 side ( )	양측 두부
颈背 nape ( )	목덜미
头皮 scalp ( )	두피

侧分线 side part (　　　　　　)	옆(사이드)에서 가르는 것
中点分线 center part (　　　　　　)	정중선(중앙)에서 가르는 것
点 point (　　　　　　)	점
中心点 CP (　　　　　　)	센터 포인트
侧点 SP (　　　　　　)	사이드 포인트
侧拐点 SCP (　　　　　　)	사이드 코너 포인트
耳点 EP (　　　　　　)	이어 포인트
颈后点 NP (　　　　　　)	네이프 포인트
耳后点 ESP (　　　　　　)	이어백 포인트

黄金点 GP (　　　　　　　　)	골든포인트(골든 포인트 파트와 이어 라인의 교차점 디자인 시 기본이 되는 포인트)
顶点 TP (　　　　　　　　)	톱 포인트
外形 line (　　　　　　　　)	선, 외형
交叉点 cross point (　　　　　　　　)	교차점
头发开始生长的部分 hem line (　　　　　　　　)	머리가 나기 시작한 부분
頸部頭髮開始生長零位置 nape line (　　　　　　　　)	목 부분의 머리가 나기 시작하는 부분
颈线 nack line (　　　　　　　　)	목덜미의 선, 목덜미의 옷깃 닿는 부분
左侧 left side (　　　　　　　　)	왼쪽, 좌측부
方形 rectangular part (　　　　　　　　)	"장방형의", "직각의"란 뜻, 모발을 나누는 방법의 일종으로 일반적으로 square part라 한다.

头部基准点 measured crown point (　　　　　　　　)	두부의 측정에 임해서 기준이 되는 곳 또는 점
部分 section (　　　　　　　　)	부분, 구획 등 구분의 의미로 제도 등의 경우는 교차점을 가리킨다. 커트 용어에서는 부록한 구분을 다시 적은 부분으로 갈라 나누어 잡는 것을 말한다.
颈部中心点 center nape point (　　　　　　　　)	목덜미의 깃 닿는 부분의 중앙, 즉 뒷목의 약간 위의 깃의 중앙에 해당되는 부분을 말한다.

2. 基本用語 기본용어 jī běn yòng yǔ

美发师 hair dresser (　　　　　　)	미용사
剪发 cut (　　　　　　)	커트
头发染色 hair dye (　　　　　　)	머리 염색
烫 perm (　　　　　　)	펌
造型 dry, styling (　　　　　　)	드라이, 스타일링
洗头发 shampoo (　　　　　　)	머리감기
热烫 setting perm (　　　　　　)	열을 이용한 펌
梳发 combing (　　　　　　)	빗기기

打薄 slice ( )	머릿단을 얇게 떠내다
混合 blend line ( )	섞다
耳朵连接线 ear to ear line ( )	귀에서 귀를 잇는 선
量感 volume ( )	양감, 머릿단의 밑부분의 일어섬
方向 direction ( )	방향
边缘 edge ( )	끝단
对角线 diagonal ( )	대각선
毛干 stem ( )	머리줄기
垂直的 vertical ( )	수직의

为了保护客人外面围得布 **draping (　　　　　　　　)**	고객의 옷을 보호하기 위하여 천으로 둘러 주는 것
受损毛发 **damaged hair (　　　　　　　　)**	손상모
一次都没有做过染、烫的头发 **virgin hair (　　　　　　　　)**	한 번도 파마나 염색을 시술한 적 없는 머리
区域 **blocking (　　　　　　　　)**	한 구획을 만드는 것

3. 道具 도구 yòng jù

剪刀 scissors (　　　　　　)	가위
梳子 comb (　　　　　　)	빗
喷雾器 sprayer (　　　　　　)	분무기
剃须刀 razor (　　　　　　)	면도칼
加热帽 heating cap (　　　　　　)	모자식으로 된 가열기
刷子 brush (　　　　　　)	솔, 붓
圆刷 roll brush (　　　　　　)	둥근 브러시, 회전 브러시

2 洗发 & 冲洗用语说明 샴푸 & 린스 용어 설명

Hair Shampooing & rinsing / xǐ fà & chōng xǐ yòng yǔ

洁面器 桶 basin ( )	샴푸도기
面膜 face mask ( )	마사지 팩
吸水毛巾 towel dry ( )	수건으로 머리칼을 말리는 것
敲打 percussion ( )	두드리는 것
用手掌敲打 slapping ( )	손바닥으로 두드리는 것
扣手敲打 cupping ( )	손바닥을 컵 모양으로 오므려서 두드리는 것
用指腹，指肚敲打 tapping ( )	손가락의 지복, 지두로 두드리는 것
护发洗发水 conditioning ( )	머리카락이 손상되지 않도록 바르는 제품

柔软法，用手指按摩使肌肉放松的技法

kneading (   )

유연법, 손가락으로 근육을 이완시키는 방법

用手掌，手指轻轻按压的技法

strocking (   )

손바닥과 손가락으로 가볍게 문지르는 기법

使皮肤，下部组织震动传达的技法

vibration (   )

피부, 하부조직에 진동을 전달시키는 기법

按压皮肤同时用力揉搓

friction (   )

피부를 눌러주면서 강하게 문지르는 기법

有条理的用手进行按摩

manipulation (   )

손으로 행하는 조작, 과정 마사지

头皮屑

dandruff (   )

비듬

事前措施，预防措施 pretreatment ( )	사전 조치, 예방 조치
酸性护发素 acid rinse ( )	산성 린스
吹风机 blow dry ( )	드라이어로 머리를 건조시키는 것
普通护发素 plain rinse ( )	보통의 린스
标准线 guide line ( )	스타일을 만드는데 기준이 되는 머리 길이, 기준이 되는 머릿단을 말함
滋养洗发 tonic shampoo ( )	영양제 토닉을 사용하는 샴푸법

③ 剪发用语说明 커트 용어 설명

Hair Cutting / jiǎn fà yòng yǔ

一遍剪发 blunt cut ( )	가위로 단번에 자르는 커트
角落 corner ( )	구석, 커트하기 위하여 잡아낸 섹션의 각
梳子造型 hair shaping ( )	빗으로 넘기면서 형을 만드는 것
检查剪发 check cut ( )	일단 자른 머리를 다시 커트해서 정발하는 것
湿剪 wet cut ( )	머리카락이 젖은 상태에서 커트
干剪 dry cut ( )	머리카락이 마른 상태에서 커트
打薄 thinning ( )	머리 길이를 바꾸지 않고 전체 머리의 양을 적게 하는 것
发尾逐渐打薄 tapering ( )	머리끝을 점차적으로 가늘게 숱을 쳐내는 것

修剪整 clipping (　　　　)	튀어나온 머리카락을 정발하여 자르는 것
缓慢大量修发尾 long stroke (　　　　)	머리끝을 가늘게 만들 때 완만하게 머리의 양을 많게 쳐 내는 것
快速少量修发尾 short stroke (　　　　)	머리끝을 가늘게 만들 때 급하게 머리의 양을 적게 쳐 내는 것
凹面 convex (　　　　)	움푹 들어감
剪刀夹头发平行滑剪 slithering (　　　　)	가위로 모발을 잡고 모발의 평행으로 움직이며 미끄러뜨린다.
进一步修型 treamming (　　　　)	형이 완성되어 있는 라인을 가볍게 쓰다듬듯이 하면서 수정, 정발하는 것
十字交叉检查 cross checking (　　　　)	십자형으로 교차시켜 가면서 체크하는 것
统一长度 one length (　　　　)	동일 선상에서 같은 길이로 잘리고 그 절단면에 단차가 없는 것
上长下短层次剪发 graduation (　　　　)	윗머리를 길게, 아랫머리를 짧게 하여 머리 길이가 서서히 변화를 갖게 하는 커트. 절단면에 단차가 생긴다.

上短下长层次剪发 layer ( )	윗머리를 짧게, 아랫머리를 길게 하여 머리 길이가 서서히 변화를 갖게 하는 커트. 절단면에 단차가 생긴다.
短发 bob ( )	단발머리형
蘑菇头 mushroom ( )	버섯 모양. 관자놀이에서부터 아래에 만든 보브형
前面上扬bob短发 isadora ( )	앞이 올라간 보브형
前面向下bob短发 spaniel ( )	앞이 내려간 보브형

4 发型用语 헤어스타일링 용어
Hair Styleing / fà xíng yòng yǔ

梳光 **brushing ( )**	브러시로 빗기기
长发卷型 **roll style ( )**	컬이 길게 이어진 형의 스타일
轻轻紧贴发型 **mould look ( )**	가볍게 머리에 착 달라붙은 머리
指的是短发 **bob ( )**	단발을 말한다. 클레오파트라의 머리형에서 페이지 보이컷(단발머리), 싱글컷(깎아올림) 등이 있다.
男士bob **boysh bob ( )**	남자의 헤어 커트와 같이 두부에 밀착시키는 쇼트 커트
辫发 **braided look ( )**	머리카락을 땋아서 서로 붙이는 기술을 포인트로 구분한 스타일
网状技法 **be mesha mesh ( )**	머리 길이를 정상, 측면 목덜미로 길이로 분할해서 롱으로 커트하는 기법
低盘发 **semi up ( )**	세미는 반의 뜻, 밑뿌리를 너무 높게 하지 않는 업스타일. 양복이나 한복 차림에 어울리고 키가 큰 사람의 체형을 커버하는 머리형

沙宣剪发 sasson cut (　　　　　　　　)	비달 사순이 발표하는 스타일과 커트 기법의 총칭. 그는 매년 뉴 패턴을 발표하는데, 기하학적인 커트, 계산된 커트가 특징이다.
均剪 dutch cut (　　　　　　　　)	머리 둘레를 귓밥 길이로 균등하게 또 뱅을 가로로 곧바르게 커트한 스타일
标准型剪发 directional cut (　　　　　　　　)	표준형의 롱 헤어
维度剪发 dimention cut (　　　　　　　　)	디자인 커트의 일종
梳发技法 hair combing (　　　　　　　　)	두발을 빗기는 기술
鸭尾巴式发型 ducktail style cut (　　　　　　　　)	오리 꼬리 스타일. 머리칼을 뒤로 당겨서 양쪽 사이드에 웨이브를 나오게 해서 좌우가 서로 껴안는 것처럼 꾸민다.
天赋发挥夸张刘海 flair bang (　　　　　　　　)	앞머리를 상당히 과장하여 시술한 것
蓬松刘海 fluff bang (　　　　　　　　)	부드럽게 볼륨을 가진 뱅. 사이드의 머리 끝을 뒤로 흘리게 하고 전체적으로 매끄럽게 흐르는 스타일.
刘海 fringe (　　　　　　　　)	얼굴선 부분의 모발 사이가 듬성듬성 비어있는 상태로 내려진 커트. bang과 같은 뜻으로도 쓰인다.

向外翻发型 flip ( )	튕기는 것, 머리칼이 바깥쪽으로 가볍게 튕겨져 나가 말린 스타일
少量修剪收尾 petitetete ( )	적은 머리라는 뜻, 적게 꾸며져 마무리된 머리형
高刘海 high bang ( )	높이 다듬어 올린 뱅
诱惑魅力发型 gish ( )	볼에 흘러 떨어지는 모발, 애교머리. 릴리안 깃쉬라는 여배우의 이름에서 유래됨
像羽毛感觉收尾的发型 feather ( )	깃털과 같은 감각으로 끝마무리한 헤어스타일
发型定型 hair setting ( )	모발을 정리하는 방법, 끝마무리
多种发型造型技术 hair dressing ( )	여러 가지 머리형이나 스타일로 머리를 정발하는 기술
流行发型 hair mode ( )	헤어 스타일의 유행
发片 hair piece ( )	헤어 스타일을 만들기 위한 붙이는 머리

基准 **guide ( )**	가이드는 '안내하다'라는 뜻. 즉, 커트 시 기준이 되는 모발.
基准线 **guide line ( )**	헤어 커트 시 기준의 되는 모발 , 제일 처음에 커트하는 모발을 말한다. 즉 최초로 커트한 모발이 모든 모발의 가이드가 되며 대개 헴 라인의 것을 말한다.
基准剪发线 **guide section ( )**	기본, 기존 헤어 커트 시에 제일 처음에 커트하는 섹션으로 다음 섹션부터는 이 섹션이 기준이 된다.
基准空间 **guide zone ( )**	guide section과 같은 뜻으로 쓰인다.
自然干 **natural dry ( )**	모발이 자연스럽게 보이도록 건조시키는 것
自然发型 **natural shape ( )**	자연스런 모발 흐름에 맞추어서 빗기는 것
自然剪 **natural cut ( )**	자연 상태대로 커트
脖子 **neck ( )**	목, 옷깃
普通尖度剪发 **normal taper ( )**	테이퍼 커트

向下斜剪 down diagonal part ( )	모발을 가르는 방법의 하나로, 사이드 파트의 가름선이 뒤쪽으로 향함에 따라서 내려가는 것 같은 가름을 말한다.
向下梳 down shape ( )	보브 스타일과 같이 머리 흐름을 곧바로 아래도 향해 빗기는 것
向下基础 左边渐渐变长 down base ( )	사이드 베이스(side base)항 참조. 왼쪽이 점점 길게 된다.
干燥空气循环变干 day air dryer ( )	건조 공기의 선회 순환을 이용하여 건조시키는 드라이어
中央线末梢 distal ( )	중심 또는 중앙선에서 가장 떨어져 있는
鸡冠发型 design comb ( )	긴 머리 스타일의 유행과 함께 생겨났으며, 특히 끝마무리 할 때 콤의 형을 사용해서 모발에 독특한 형을 표현시키기 위해 쓰인다.
深锥型剪 deep taper ( )	딥 테이퍼 커트
圆形发型 round brosse ( )	스포츠형 머리
边缘圆形发型 round side part ( )	사이드에서 가르는 선이 곡선인 경우

右后方 right back (　　　　　　)	오른쪽 뒤, 오른쪽 후두부
少发量侧面 light side (　　　　　　)	heavy side의 반대로 가벼운 쪽, 즉 머리 양이 적은 쪽
侧面 lateral (　　　　　　)	옆의, 측면의, 측면에 있는
打薄 rat (　　　　　　)	모발 끝의 숱을 쳐내는 것
灯干燥器 lamp dryer (　　　　　　)	큰 전등을 사용해서 그 열로 건조시키도록 한 드라이어
打薄尖尾梳 rat-tail comb (　　　　　　)	쥐꼬리와 비슷한 손잡이가 붙어있는 빗으로 약칭해서 tail comb 또는 ring comb이라 한다.
略剪 rough cut (　　　　　　)	거칠게 깎는 것, 파마 시술 전 또는 스타일을 만들기 전에 미리 대충 커트하는 것을 말한다.
剪发剃须刀 razor cut (　　　　　　)	면도칼을 이용하여 커트하는 것, 이때 반드시 모발을 적셔서 커팅
上下长度一致剪发 short layer (　　　　　　)	전체적으로 모발의 길이가 같은 레이어 커트

微剪
mini scissors (   )

손 안에 꼭 쥐여지는 몸체가 작은 가위로 조작하기는 쉬우나, 한 번에 다량의 머리카락을 자를 수 없다. 그러나 섬세하게 커트할 수 있기 때문에 정확한 커트가 가능하다. 예리한 커트 라인을 요구하는 스타일에 좋으며 블로우 드라이 후 끝마무리 할 때 쓰인다.

竖直90°以上高角度层次剪发
middle layer (   )

세로로 잡아낸 모발을 두피에 대해서 90도 보다 큰 각도로 잡아 올려서 커트한다.
윗부분에 볼륨이 나온다.

后头部斜线部分
back diagonal part (   )

크라운에서 후두부를 비스듬히 나누는 것을 말한다.

后头线
back side (   )

두부의 뒤쪽을 가리킨다. 즉 두부 또는 두발형의 뒤쪽 부분을 말한다. 일반적으로는 후두부, 목덜미라고도 하는 부분

反转
backward reverse (   )

얼굴에서 떨어져서 뒤로 흐르는 방향

垂直竖切线
vertical slice (   )

세로 방향의 슬라이스, slice line 항 참조

弯点
bending point (   )

머리카락이 구부러지는 지점(절곡선), 머리칼을 구부릴 때 그 무게가 영향을 미치게 하는 최소한의 길이를 말한다.

统一层次剪发
broom stick (   )
모든 레이어 커트로 머리칼의 길이를 같게 해서 동일 선상에서 가지런히 하는 것

侧面
side (   )
측두부, 두부의 옆

圆形十字剪
circle cross cutting (   )
헤어 커트의 한 방법, 가칭 "원형십자 커트"라고도 한다.

圆形区
circle part (   )
분발 위를 원형으로 하여 나누는 방법. 라운드 파트(round part)라고도 한다.

徒手造型
setless cut (   )
세트가 필요 없는, 손쉽게 스타일링 할 수 있는 디자인

后头部中心点
center back part (   )
모발을 정중앙에서 목선까지 나누는 방법의 하나

额头中心点
center part (   )
모발을 이마의 한 가운데에 가르는 것

片剪
snippy cut (   )
두발을 자르는 방법의 하나로 짧게 자르는 것을 말한다. 'snippy'는 단편이란 뜻으로 blunt cut와 같은 뜻

剃刀
sculptured razor (   )
조각적인 헤어 커트용으로 만든 레이저(면도날)

矩形部分 square part ( )	각으로 나누는것 / 두상에 파트를 직각으로 나누는 방법 중 하나
立式吹风机 stand dryer ( )	스탠드 방식 드라이어
阶梯式剪发 step cut ( )	쇼트의 단차 커트
缕 strand ( )	모발 한 다발의 머리칼, 요소, 성분
垂直切线 straight part line ( )	곧바르게 나누는 선
剪刀 scissors ( )	가위
打薄剪刀 thinning scissors ( )	'thinning'은 양을 줄이다라는 뜻으로 이 신닝 기법에 사용되는 가위
火烧剪刀 singeing cut ( )	불필요한 머리카락을 불꽃으로 태워 제거하는 것
两线交叉最长部分 out lined corner ( )	2개의 선이 교차되는 가장 긴 부분

外围线 out line ( )	머리칼의 바깥쪽의 둘레를 이루는 라인, silhouette의 형을 만들어 주는 라인
流线型 round ( )	면도날의 헤드(머리)가 유선형으로 되어 있어, 다른 것에 비하여 아주 쓰기 편함.
旁边部分斜线向上 up diagonal part ( )	기본이 되어 머리를 가르는 법의 하나로, 사이드 파트의 가름선이 뒤쪽에서 위로 올라간다.
基本盘发 up base ( )	사이드 베이스의 일종, 머리칼의 아래쪽이 점점 길게 되도록 베이스를 잡는 법. side base 항 참조
滑剪 effilate ( )	가위가 미끄러지면서 모발을 자르는 것. 또는 그 기법을 말한다.
薄发尾辫发 efile ( )	모발을 땋을 때 모발 끝을 가늘게 또는 엷게 한다는 뜻
发尾1/3打薄 end taper ( )	모발 끝의 1/3 부분을 가늘게 쳐내는 커트 스타일
独创剪法 original cut ( )	헤어 살롱만의 독창적인 커트법, 커트 스타일
椭圆剪 oval cut ( )	타원형으로 올리는 시술하는 머리형. 각진 둥근 단발머리라고도 한다.

基底以外接点 off base (　　　　　　)	기저 이외에 접점을 놓는다. 스타일에 따라 길이에 따라 장단이 있는 경우, 베이스 연장선상 내에 접점이 들어가지 않는다.
单剪型 only cut (　　　　　　)	커트만으로 스타일을 만든다.
全部用剪刀剪法 all scissors (　　　　　　)	전부 가위로 자르는 커트
湿剪 wet cutting (　　　　　　)	면도날 커트 등을 행할 때 두발을 적셔서 하는 커팅
耳延长线 ear line (　　　　　　)	턱에서 귀를 지나는 연장선, 이어 투 이어(ear to ear) 항 참조
均剪 equal cut (　　　　　　)	같은 길이로 모발을 잘라 간추리는 것
分层剪 inlayered cut (　　　　　　)	그레듀에이션 커트를 인레이어드 커트라고 부른다.
内侧线 inside line (　　　　　　)	실루엣의 안쪽에 있는 머리칼의 라인. 헤어 스타일의 무게, volume(양감), movement(움직임), 방향에 미묘하게 영향을 미치게 된다.
内侧区域 inside corner (　　　　　　)	2개의 선이 교차되는 가장 짧은 부분

分割线 indentation line ( )	분리선 세팅할 때, no part(가르지 않는)의 상태로 forward(앞으로) 또는 reverse(뒤로) 컬로 만들 때, 두부의 좌우를 분명히 하기 위해서 구분한다.
分割点 indentation point ( )	모발을 7:3 또는 4:6으로 갈라 나누었을 때, 그 가름선과는 별도로 모발이 많은 쪽에 만드는 선을 말한다.
锯齿形剪 zigzag cut ( )	잡아낸 모발의 머리끝에서 가위를 비스듬히 넣어서 지그재그로 커트하는 것
发缕前额翘起分发方法 cowlick part ( )	이마 위에 소가 핥은 듯이 일어선 머리카락. 가르마를 중심으로 하여 머리 흐름에 따라 사방으로 가르는 분발 방법
小瀑布状剪发 cascade cut ( )	작은 폭포와 같은 느낌을 나타낸 머리형
习惯剪法 custom cut ( )	습관, 주문, 준비 작업을 한다 라는 뜻.
剪发角度 cut angle ( )	가위 앵글 각도, 잡아낸 모발에 대해서 가위가 들어가는 각도를 말한다.
切段面 cut end ( )	절단면
剪发 cut ( )	자르다, 절단하다

剪发边缘 cutting edge (　　　　　　　　)	가위의 자르는 날
剪发梳子 cutting comb (　　　　　　　　)	커트할 때 사용하는 빗
剪发用衣服 cutting clothes (　　　　　　　　)	커트할 때 두르는 천. 커트된 머리칼이 의류 등에 묻지 않도록 어깨에서부터 덮어주는 천
理发用剪子 cutting scissors (　　　　　　　　)	커트용 가위
角 corner (　　　　　　　　)	각 또는 구석이란 뜻. 커트하기 위해 잡아낸 다발이나 섹션의 각을 말한다.
梳子剪发 comb work (　　　　　　　　)	빗만 사용하여 커트하는 것
头部的线 crown line (　　　　　　　　)	두부의 선
皇冠部分到耳朵的部分 crown to ear parting (　　　　　　　　)	크라운의 사이드 파트 부분에서 귀쪽으로 나누는 방법
皇冠周围部分 crown (　　　　　　　　)	모든 물체의 최정상부, 관두부, 왕관의 주위 부분

卷发技术 crepage ( )	머리칼을 곱슬곱슬하게 하다.
交叉剪法 cross check cut ( )	커트를 끝낸 다음 체크 커트를 할 때 지금까지의 slice 선과 교차되도록 모발을 잡아내어 길이를 체크한다.
发尖 tapering ( )	머리숱을 쳐내는 것. feathering이라고도 한다.
整洁 trim ( )	깎아 들어가서 깨끗이 한다.
背梳 teasing ( )	뒤로 빗어 넘기는 것. back combing이라고도 한다.
长方形 panel ( )	장방형으로 모발을 나눈 것. 커트에서 모발을 슬라이스하여 손에 잡은 모발이 판 상태로 되어 있다고 하여 '판넬'이라고 한다.
打薄剪 fine hair scissors ( )	숱을 쳐내는 가위
区域 part ( )	머리칼을 나누는 것. side part: 7:3의 비율, center part: 중앙에서 가름, no part: 가름선이 없는 스타일
分区双剪 parting double cut ( )	앞머리를 갈라서 만든 헤어스타일

分区 parting ( )	나누거나 가르는 기법, 분발
分区剪发 pattern cutting ( )	부인의 헤어스타일에 쓰이는 기법으로 하나의 형을 만든 종이에 따라서 스타일을 만드는 방법
法式打薄 french thinning ( )	프랑스식의 신닝 커트. 면도날을 써서 머리카락을 줄이는 커트
后梳 french lacing ( )	뒤로 빗기는 것
前面 frontal ( )	전두부, 앞머리, 정면, 전부
无立体感剪发 high long layer ( )	긴 머리카락과 짧은 머리카락의 단차가 크고 볼륨감이 거의 없어져 버리는 커트
手动理发器 hand clipper ( )	전동 이발기로 손가락의 굴곡과 스프링의 탄력에 의해서 머리카락을 깎아주는 구조로 된 이발기
头部线 head line ( )	머리(두부), 목의 윗부분, 정상, 면도날의 뒤쪽의 선단
头发密度 hair density ( )	두피상의 면적당 머리숱. density는 조밀도, 농도, 밀도, 비중 등의 뜻

吹风机 hair dryer ( )	모발 건조기
发型线 hair line ( )	조발선, 헴 라인(머리칼이 나기 시작한 선), 잔무늬의 모양
头发的最下部 hair bulb ( )	머리칼의 최하부
剪发 hair cutting ( )	머리칼을 짧게 또는 어울리게 끝마무리하는 것. 정발
修头发 hair trim ( )	머리칼을 깎아 가지런히 정돈하는 것. 이미 정돈된 머리칼을 가볍게 깎아 가지런히 하는 것
折边线 hem line ( )	커트 용어로는 프론트, 사이드 네이프 부분의 머리카락이 나기 시작한 라인
水平打薄 horizontal slice ( )	수평 슬라이스
波波发型 hair bobbing ( )	여성이나 어린이의 조발에서 쓰였던 용어

2 化粧用语 | 메이크업 용어 huà zhuāng yòng yǔ

1 漂亮妆 뷰티 메이크업

beauty make-up / piào liang zhuāng

在日常生活中和新娘化妆中最常使用的妆容。

일상생활에서 흔히 사용하는 일반메이크업 및 신부 메이크업이다.

2 角色化妆 캐릭터 메이크업

character make-up / jué sè zhuāng

为了表现TV或者电影等各登场人物性格的化妆。

TV나 영화 등에서 표현하고자 하는 인물의 성격을 부각시키기 위해 사용하는 메이크업이다.

3 舞台妆 무대 메이크업

stage make-up / wǔ tái zhuāng

戏剧，歌剧，舞台剧，音乐剧等在舞台上使用的化妆。
并根据舞台的大小、照明等使用夸张的化妆手法。

연극, 오페라, 뮤지컬 등 무대에서 이루어지는 공연에서 사용하는 메이크업으로 무대의 크기 및 조명 등을 고려하여 다소 과장된 형태의 메이크업이다.

4 特殊化妆 특수분장

special effect make-up / tè shū huà zhuāng

电影或戏剧需要用到的特殊效果进行的特效化妆。

영화나 연극 등에서 특수한 효과를 내기 위한 메이크업으로 메이크업 재료 외에도 다양한 재료나 오브제를 사용하는 메이크업이다.

5 粉底 메이크업 기초

foundation / fěndǐ

鹅蛋脸 **oval face (　　　　　　　　)**	계란형 얼굴
方脸 **square face (　　　　　　　　)**	각진형 얼굴
三角形脸 **inverted triangle face (　　　　　　　　)**	역삼각형 얼굴
圆脸 **round face (　　　　　　　　)**	둥근형 얼굴
海绵 **sponge (　　　　　　　　)**	메이크업 베이스나 파운데이션을 바를 때 사용하는 도구

粉扑 puff (　　　　　　　)	파우더를 바를 때 사용하며 면, 벨벳, 합성섬유 등의 재질을 사용한다.
粉底刷 foundation brush (　　　　　　　)	브러시 중 가장 큰 것으로 둥근 형태를 띠며 파우더를 소량 바를 때 사용한다.
扇形刷 pan brush (　　　　　　　)	부채꼴 모양의 브러시로 파우더의 남은 여분을 털어낼 때 사용한다.
化妆打底 make-up base (　　　　　　　)	메이크업 베이스

6 粉底 파운데이션

foundation / fěndǐ

慕斯粉底 mousse foundation (　　　　　　　)	커품 타입으로 흡수력과 퍼짐성이 좋으나 커버력이 약하여 깨끗한 피부에 사용한다.
粉底液 liquid foundation (　　　　　　　)	수분 함유량이 많아 사용감이 촉촉하고 가벼워 자연스런 피부 표현에 좋으나 커버력이 약하다.
粉底膏 cream foundation (　　　　　　　)	적당한 유분 함유로 커버력이 있어 잡티가 있는 피부에 적합하다.

粉底棒

stick foundation (   )

커버력이 강하고 지속력이 우수하여 일반인의 사용보다는 방송 및 영화 촬영, 쇼 메이크업 등의 전문가용으로 사용한다.

喷枪粉底

air brush type foundation (   )

바디페인팅용 에어 브러시의 변형 형태로 입자가 고운 파운데이션을 분사하여 도포한다. 모공을 효과적으로 커버하고 빠른 시간 안에 메이크업 할 수 있다.

粉末状粉底

powder foundation (   )

중간 정도 커버력의 파우더 타입으로 가볍고 사용이 편리하다.

7 遮瑕 컨실러

concealer / zhē xiá

液体遮瑕

liquid concealer (   )

주로 하이라이트 대용으로 사용되며 커버력은 떨어진다.

遮瑕膏

cream concealer (   )

퍼짐성이 좋고 그라데이션이 용이하여 넓은 부분에 사용한다.

遮瑕棒

stick concealer (   )

커버력이 우수하여 좁은 부위에 사용한다.

遮瑕笔

pencil concealer (   )

결점 부위가 작을 때 사용하고 커버력은 우수하나 그라데이션이 어렵다. 브러시 없이 사용하기 간편하다.

8 散粉 파우더

powder / sǎnfěn

蜜粉 loose power ( )	분말형으로 투명감 있는 피부를 표현하기 좋다.
携带用粉 compact power ( )	분말형의 파우더를 용기에 담아 압축한 것으로 커버력이 있고 휴대하여 사용하기 좋다.
透明粉 transparent power ( )	파운데이션 색상을 그대로 표현한다.
结束定妆粉 finish power ( )	펄이 들어간 파우더로 메이크업의 마무리 단계에서 하이라이트용으로 사용한다.

9 粉底 메이크업 포인트

foundation / fěndǐ

提亮 highlight ( )	얼굴에 입체감을 주기 위해서 광대뼈 윗부분, 눈 밑부분, T존 부분 등 돌출된 부분을 더욱 밝게 표현해 주기 위해서 사용한다.
打阴影 shading ( )	얼굴의 들어간 부분, 계란형 얼굴을 그려보았을 때 남는 부분을 좀 더 어둡게 표현하여 얼굴형을 수정하고, 입체감을 주기 위해서 사용한다.

眉毛 eyebrow ( )	눈썹
眼影 eyeshadow ( )	아이섀도
眼影刷 eyeshadow brush ( )	아이섀도 브러시
眼线刷 eyeliner brush ( )	아이라이너 브러시
睫毛夹 eyelash curlers ( )	직모의 눈썹을 곡선으로 올려주기 위해 사용한다.
棉棒 cotton swab ( )	면봉, 아이섀도나 아이라인 등의 수정 시 사용한다.
过度 gradation ( )	그라데이션
眼窝 eyehole ( )	아이홀

10 眼线 아이라이너

eyeliner / yǎn xiàn

眼线笔 pencil eyeliner ( )	사용하기 쉽고 자연스러운 표현이 가능하지만 지속력이 약하다.
眼线液 liquid eyeliner ( )	지속력이 강하지만 수정이 쉽지 않다.
眼线胶 gel eyeliner ( )	지속력이 뛰어나지만 잘 굳어 사용 후 잘 닫아야 한다.

11 睫毛膏 마스카라

mascara / jié máo gāo

假睫毛 false eyelashes ( )	인조눈썹
弯形睫毛膏 curling mascara ( )	컬링 마스카라
圆形睫毛膏 volume mascara ( )	볼륨 마스카라

螺旋形睫毛膏 longlash mascara (　　　　　　)	롱래쉬 마스카라
彩色睫毛膏 color mascara (　　　　　　)	컬러 마스카라
防水睫毛膏 waterproof mascara (　　　　　　)	워터프루프 마스카라
打底睫毛膏 base mascara (　　　　　　)	베이스 마스카라

12 睫毛膏 립 메이크업

mascara / jié máo gāo

唇 lip (　　　　　　)	립
唇刷 lip brush (　　　　　　)	립 브러시
口红 lip stick (　　　　　　)	립스틱

啫喱状口红 lip gloss ( )	립글로스
固体口红 lip palettes ( )	크림 타입 립 파레트
唇线笔 lip liner pencil ( )	립라이너 펜슬
液体口红的一种 lip tint ( )	립 틴트

Ⅳ

沙龙服务

SERVICE MANUAL

shā lóng fú wù

1 什么是服务？ | 서비스란?

- **对顾客感情的传达**
  고객에게 느낌(감정)을 전달하는 것
- **需要有牺牲精神**
  희생정신을 가지고 있어야 한다.

2 服务精神 | 서비스 마인드

- **改变心态，态度会变**
  마음이 바뀌면 태도가 바뀐다.
- **改变态度，习惯会变**
  태도가 바뀌면 습관이 바뀐다.
- **改变习惯，人格会变**
  습관이 바뀌면 인격이 바뀐다.
- **改变人格，人生会变**
  인격이 바뀌면 인생이 바뀐다.

3 如果想做好服务 | 서비스를 잘 하려면

- 要懂得顾客心理
  고객의 심리를 잘 알아야 한다.
- 顾客一直是对的
  고객은 항상 옳다.
- 给顾客提供无限的选择
  고객은 무한 선택이 가능하다.
- 让顾客感受到幸福
  고객은 나를 행복하게 한다.

4 "汉城大学美容美发中心" 12大用语 | "한성미가" 12대 용어

顾客接待法 인사법

- 欢迎您！这里是给您带来幸福的“汉城大学美容美发中心”(30°)
  환영합니다. 행복을 드리는 "한성미가" 입니다.(30°)
- 请您来这边 顾客~ (15°)
  이쪽으로 모시겠습니다 고객님~(15°)
- 对不起，您能稍微等一下吗？顾客~ (15°)
  죄송합니다, 잠시만 기다려주시겠습니까? 고객님~(15°)
- 让您久等了 顾客~ (15°)
  오래 기다리셨습니다. 고객님~(15°)
- 真的对不起 顾客~ (15°)
  정말 죄송합니다. 고객님~(15°)
- 您哪里没有不方便的地方吧？顾客~ (15°)
  어디 불편한 곳은 없으십니까? 고객님~(15°)
- 是！知道了 顾客~ (15°)
  네! 알겠습니다. 고객님~(15°)
- 是！顾客~ (15°)
  네! 그렇게 하겠습니다. 고객님~(15°)

- 谢谢您 顾客~ (15°)
  고맙습니다. 고객님~(15°)
- 您慢走 顾客~ (30°)
  안녕히 가십시오. 고객님~(30°)
- 您再来 顾客~(30°)
  또 방문해 주십시오. 고객님~(30°)
- 您稍等一下 顾客~(30°)
  잠시만요. 고객님~(30°)

실 습

15° 인사법	사진 붙이기
30° 인사법	사진 붙이기

5 各位汉城大学美容美发中心的朋友做好接待顾客的准备了吗？

한성미가 여러분은 고객을 맞을 준비가 되어 있습니까?

hàn chéng dà xué měi róng měi fàzhōng xīn de péng you zuò hǎo jiē dài gù kè de zhǔn bèi le ma?

구분	男 남자	女 여자
头发 모발	头发整理好了吗？ 모발 정리정돈이 잘 되었는가?	头发整理好了吗？ 모발 정리정돈이 잘 되었는가?
脸 얼굴	一直有保持微笑吗? 항상 미소를 짓고 있는가? 下巴胡子干净吗？ 턱수염은 깨끗하게 했는가?	化妆没有很浓吧？ 화장을 너무 진하게 하지 않았는지? 香水喷的是否适量？ 향수는 적당히 뿌렸는가? 一直有保持微笑吗？ 항상 미소를 짓고 있는가?
服装 복장	白T恤和裤子都烫好了吗？ 와이셔츠와 바지는 다려져 있는가? 口袋里没装什么东西吧？ 주머니에 뭔가 들어 있지 않은지?	白T恤和裤子都烫好了吗？ 와이셔츠와 바지는 다려져 있는가? 口袋里没装什么东西吧？ 주머니에 뭔가 들어 있지 않은지?
手 손	手和指甲一直是保持干净的状态吗？ 손과 손톱은 항상 깨끗한가?	手和指甲一直是保持干净的状态吗？ 손과 손톱은 항상 깨끗한가? 没有做很深的美甲吧？ 너무 짙은 색상의 매니큐어를 하고 있지 않은가?
鞋 신발	鞋子干净吗？ 신발은 깨끗하게 손질되어 있는가?	鞋子有收拾干净吗？ 신발은 깨끗하게 손질되어 있는가?
饰品 액세서리		饰品是否佩戴适当？ 액세서리는 적당히 착용하고 있는가? 没有带太华丽的饰品吧？ 너무 화려한 액세서리를 하고 있지 않은가?

实操

실 습
shí cāo

汉城大学美容院服务12阶段

한성미가 서비스 12단계

1阶段：预约 1단계 : 예약	**2阶段：进出** 2단계 : 출입	**3阶段：亲近** 3단계 : 접근
4阶段：保管 4단계 : 보관	**5阶段：商谈** 5단계 : 상담	**6阶段：洗发** 6단계 : 샴푸
7阶段：指引 7단계 : 안내	**8阶段：操作** 8단계 : 시술	**9阶段：等待** 9단계 : 대기
10阶段：造型 10단계 : 스타일링	**11阶段：付款** 11단계 : 입금	**12阶段：欢送** 12단계 : 환송

1阶段：预约 | 1단계 : 예약

顾客接客用语 고객 접객 용어	重点 포인트
这里是给您带来幸福的汉城大学美容美发中心我是○○○ 행복을 드리는 한성미가 ○○○ 입니다.	电话内容统一 전화멘트는 동일하게 한다.
(해당 이미지 사진을 붙여보세요)	MEMO

실무 단어

顾客接客用语 고객 접객 용어	重点 포인트
[想预约的顾客] [예약을 원하는 고객] 是~顾客 您想预约吗？您有要找的设计师吗？ 네~ 고객님 예약을 원하십니까? 찾으시는 디자이너 있으십니까?	备忘纸，笔准备 메모지, 펜 준비 嗓音明朗 밝은 목소리 연출 内容责任义务话&统一化 멘트의 의무화 & 통일성
(해당 이미지 사진을 붙여보세요)	MEMO

실무 단어

<table>
<tr><th>顾客接客用语
고객 접객 용어</th><th>重点
포인트</th></tr>
<tr><td>[有担当设计师的情况]
[담당 디자이너가 있을 경우]
○○○ 设计师对吗？
今天您想做什么款呢？
○○○ 디자이너 말씀이십니까?
오늘 어떤 시술을 하시겠습니까?

您是说○○ 烫吗？顾客~
○○ 펌 말씀이십니까? 고객님~</td><td>您干什么？绝对禁止使用
뭐 하시게요? 절대 사용금지
电话实名制
전화 실명제</td></tr>
<tr><td>(해당 이미지 사진을 붙여보세요)</td><td>MEMO</td></tr>
</table>

실무 단어

顾客接客用语 고객 접객 용어	重点 포인트
您可以说下您想预约的日期和时间吗？ 원하시는 예약일과 시간 말씀해 주시겠습니까? ○月○日○ 点对吗？ ○월 ○일 ○시 말씀이십니까? 帮您确认一下可不可以预约 예약 가능하신지 확인해 드리겠습니다.	(接电话的职员) (전화 받는 직원) 相同复制 복명 복창 (数字，固有名词，敬语使用法) (숫자, 고유명사, 경어 사용법)
(해당 이미지 사진을 붙여보세요)	MEMO

실무 단어

顾客接客用语 고객 접객 용어	重点 포인트
[确认后] [확인 후] 感谢您的耐心等待，顾客 可以预约 기다려 주셔서 고맙습니다. 고객님 예약 가능하십니다. 能告诉一下您的姓名和联系电话吗？ 성함과 연락처 말씀해 주시겠습니까?	
(해당 이미지 사진을 붙여보세요)	MEMO

실무 단어

顾客接客用语 고객 접객 용어	重点 포인트
跟您确认一下预约内容 고객님 예약 내용 확인해드리겠습니다. 为您预约了○月○日○点○○○设计师○○ 烫 ○월 ○일 ○시 ○○○ 디자이너에게 ○○ 펌 예약하셨습니다.	
(해당 이미지 사진을 붙여보세요)	MEMO

실무 단어

<table>
<tr><th>顾客接客用语
고객 접객 용어</th><th>重点
포인트</th></tr>
<tr><td>〇〇〇 顾客您的联系电话是
〇〇〇-〇〇〇〇-〇〇〇〇 对吗？
○○○고객님의 연락처는 ○○○-○○○○-○○○○ 맞으십니까?

预约已完成
예약되었습니다.

〇月〇日见！祝您生活愉快 顾客
○월 ○일에 뵙겠습니다. 좋은 하루 되십시오 고객님.</td><td></td></tr>
<tr><td>(해당 이미지 사진을 붙여보세요)</td><td>MEMO</td></tr>
</table>

실무 단어

顾客接客用语 고객 접객 용어	重点 포인트
[没有担当设计师的情况] [담당 디자이너가 없을 경우] 顾客 您有特别想预约的风格的设计师吗？ 고객님 특별히 원하시는 스타일의 디자이너가 있으십니까? 是, 知道了, 顾客 네, 잘 알겠습니다. 고객님	
(해당 이미지 사진을 붙여보세요)	MEMO

실무 단어

顾客接客用语 고객 접객 용어	重点 포인트
能说下您想预约的日期和时间吗？ 원하시는 예약일과 시간을 말씀해 주시겠습니까? 您说○月○日○点对吗？ ○월 ○일 ○시 말씀이십니까? 帮您确认一下可不可以预约 예약 가능하신지 확인해 드리겠습니다.	
(해당 이미지 사진을 붙여보세요)	MEMO

실무 단어

(해당 이미지 사진을 붙여보세요)

(해당 이미지 사진을 붙여보세요)

(해당 이미지 사진을 붙여보세요)

(해당 이미지 사진을 붙여보세요)

2 阶段：出入 | 2단계: 출입

<table>
<tr><th>顾客接客用语
고객 접객 용어</th><th>重点
포인트</th></tr>
<tr><td>这里是给您带来幸福的汉城大学美容美发中心~~欢迎您~~
행복을 드리는 한성미가입니다~~ 환영합니다~~
(用热情的声音和表情)
(밝은 표정과 음성)
请您来这边 顾客 (把顾客带到等待席)
이쪽으로 모시겠습니다. 고객님
(대기석으로 고객 유도)</td><td>用最热情的表情, 声音
최대한 밝은 표정, 음성 연출
预约文化定性及重要性
예약 방문 정착성 및 중요성</td></tr>
<tr><td>(예시)
</td><td>MEMO</td></tr>
</table>

실무 단어

(해당 이미지 사진을 붙여보세요)

(해당 이미지 사진을 붙여보세요)

(해당 이미지 사진을 붙여보세요)

(해당 이미지 사진을 붙여보세요)

3 阶段：切近 | 3단계: 접근

顾客接客用语 고객 접객 용어	重点 포인트
[预约顾客] [예약 고객] ○○○顾客~您跟○○○设计师预约好了？对吗？ ○○○고객님~~ ○○ 디자이너에게 예약하셨네요? 맞으십니까? 现在帮您叫他。顾客 바로 불러 드리겠습니다. 고객님	内容统一 멘트 통일 您干什么？绝对禁止使用 뭐 하시게요? 절대 사용 금지
(예시) 	MEMO

실무 단어

顾客接客用语 **고객 접객 용어**	重点 **포인트**
等待的期间将为您准备茶水饮料 기다리시는 동안 차를 준비하겠습니다. 咖啡, 茶, 饮料都为您准备好了 咖啡, 茶, 饮料 (准备咖啡) 커피, 차, 음료수가 준비되어 있습니다. (커피로 준비) 给您来杯热咖啡还是来杯冰咖啡吗？ 따뜻한 커피로 할까요? 아이스커피로 할까요? 请稍等一下 잠시만 기다리세요.	
(해당 이미지 사진을 붙여보세요)	MEMO

실무 단어

(해당 이미지 사진을 붙여보세요)

(해당 이미지 사진을 붙여보세요)

(해당 이미지 사진을 붙여보세요)

(해당 이미지 사진을 붙여보세요)

4 阶段：保管 | 4단계: 보관

顾客接客用语 고객 접객 용어	重点 포인트
先帮顾客保管物品 고객님 소지품 먼저 보관해 드리겠습니다. (所持品，外套保管) (소지품, 겉옷 받으면 서포팅)	防止耳环等贵重物品丢失 귀걸이, 귀중품 분실사고 미연에 방지 告知等待时间 대기 시간 안내
(예시) 	MEMO

실무 단어

顾客接客用语 고객 접객 용어	重点 포인트
操作中担心的耳环等贵重物品放衣橱中保管后，一定要告知顾客 시술 중 분실 우려가 있는 귀걸이, 귀중품은 필히 옷장에 보관 후 키는 고객에게 꼭 전달 帮设计师引导顾客 디자이너에게 고객 인도	
(해당 이미지 사진을 붙여보세요)	MEMO

실무 단어

(해당 이미지 사진을 붙여보세요)

(해당 이미지 사진을 붙여보세요)

(해당 이미지 사진을 붙여보세요)

(해당 이미지 사진을 붙여보세요)

5 阶段：商谈 | 5단계 : 상담

顾客接客用语 고객 접객 용어	重点 포인트
[操作商谈] [시술 상담] 个人的设计师商谈 개인 디자이너들의 상담 操作前先检查顾客的毛发状态 시술 전 고객의 모발 상태 점검	介绍设计师及打招呼 商谈时注意倾听顾客的意见并 给顾客配好发型设计书 디자이너 소개 및 인사 필수 상담 시 고객 의견 경청 스타일 북 비치 注意不要主张强制性的推荐 강압적으로 시술을 권장하지 않도록 주의 care 和 clinic 差别说明 케어와 클리닉의 차이 설명 展示价格板义务化 메뉴판 제시 의무화
(예시) 	MEMO

실무 단어

顾客接客用语 고객 접객 용어	重点 포인트
[商谈结束后] [상담 종료 후] 您好~我是实习生○○○。 我给您穿上理发围布 안녕하세요~ ○○○ 인턴입니다. 가운 입혀드리겠습니다. (一定要在把握好顾客所需整体样式后，再穿上理发围布) (반드시 고객의 전체 스타일을 파악해 상담한 후 가운을 입혀드림을 명시한다.)	确认顾客理发围布的清洁状态，注意把绳子勒有、太紧，以免产生负担 고객 가운 청결 상태 확인 과다한 밀착으로 인한 부담감 주의 慎重进行价格商谈 가격 상담 신중성
(예시) 	MEMO

실무 단어

顾客接客用语 고객 접객 용어	重点 포인트
给您系上腰上的绳子也可以吗？顾客 허리끈을 묶어드려도 괜찮으시겠습니까 고객님?	
(해당 이미지 사진을 붙여보세요)	MEMO

실무 단어

(해당 이미지 사진을 붙여보세요)

(해당 이미지 사진을 붙여보세요)

(해당 이미지 사진을 붙여보세요)

(해당 이미지 사진을 붙여보세요)

6 阶段：洗发 | 6단계 : 샴푸

顾客接客用语 고객 접객 용어	重点 포인트
您好 我是○○○ 实习生 顾客 我将帮您洗发 안녕하세요. ○○○ 인턴입니다. 고객님 샴푸 해드리겠습니다. 我带您到洗发室 (帮忙带到洗发室) 샴푸실로 안내해 드리겠습니다. (샴푸실 방향을 가리킨다)	在洗发前注意不要妨碍到顾客的心情 샴푸 진행 전 고객의 기분이 상하지 않도록 주의
(해당 이미지 사진을 붙여보세요)	MEMO

실무 단어

顾客接客用语 고객 접객 용어	重点 포인트
请您来这边坐 (一边指向洗发台) 이쪽으로 앉으시겠습니까? (샴푸대를 지시하면서) 请您舒服的躺下 편안하게 누워주세요. 抓住后脑勺下面部分让其往后靠 네이프 부분을 잡고 뒤로 기대게 유도한다.	
(해당 이미지 사진을 붙여보세요)	MEMO

실무 단어

顾客接客用语 고객 접객 용어	重点 포인트
现在给您用洗发 (一边放水) 샴푸 들어가겠습니다. (샤워기를 틀며) 水温可以吗？顾客 물 온도 맞으십니까? 고객님 有痒或不舒服的地方吗？ 가렵거나 불편한 곳은 없으십니까?	
(해당 이미지 사진을 붙여보세요)	MEMO

실무 단어

<table>
<tr><th>顾客接客用语
고객 접객 용어</th><th>重点
포인트</th></tr>
<tr><td>现在给您冲水
(打开放水，用合适的水温)
헹구어 드리겠습니다.
(샤워기 틀며, 물 온도를 맞춘다)

水温可以吗？顾客
물 온도 맞으십니까? 고객님
(把头发上包上毛巾后，把水弄干)
(머리를 수건으로 감싼 후 물기를 제거한다.)
您辛苦了顾客
수고하셨습니다 고객님.</td><td>洗完之后注意确认清洁状态
헹굼 후 청결 상태 확인</td></tr>
<tr><td>(예시)
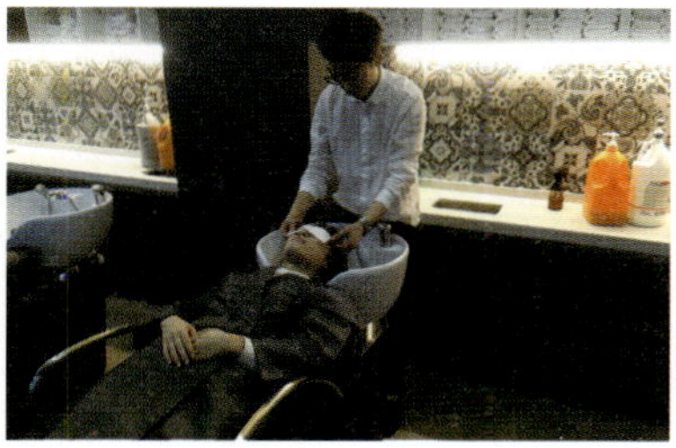</td><td>MEMO</td></tr>
</table>

실무 단어

(해당 이미지 사진을 붙여보세요)

(해당 이미지 사진을 붙여보세요)

(해당 이미지 사진을 붙여보세요)

(해당 이미지 사진을 붙여보세요)

7 阶段：指引 | 7단계 : 안내

顾客接客用语 고객 접객 용어	重点 포인트
站在前面给指引 앞장서서 안내해드린다. (负责设计师位置) (담당 디자이너 자리에서)	不要让顾客漫无目的的等待 무작정 고객을 기다리게 하지 않는다.
(해당 이미지 사진을 붙여보세요)	MEMO

실무 단어

顾客接客用语 고객 접객 용어	重点 포인트
顾客请您来这边坐 이쪽으로 앉아주시겠습니까? 不好意思，请您稍等一下 顾客 죄송합니다. 잠시만 기다려 주십시오 고객님. 谢谢 고맙습니다.	不要让顾客漫无目的的等待 무작정 고객을 기다리게 하지 않는다.
(예시) 	MEMO

실무 단어

(해당 이미지 사진을 붙여보세요)

(해당 이미지 사진을 붙여보세요)

(해당 이미지 사진을 붙여보세요)

(해당 이미지 사진을 붙여보세요)

8 阶段：操作 | 8단계 : 시술

顾客接客用语 고객 접객 용어	重点 포인트
剪发 커트 现在开始给您进行剪发 顾客 커트 시술 들어가겠습니다. 고객님	
(해당 이미지 사진을 붙여보세요)	MEMO

실무 단어

<table>
<tr><th>顾客接客用语
고객 접객 용어</th><th>重点
포인트</th></tr>
<tr><td>这样是您想要的长度吗？
원하시는 기장이 이 정도 맞습니까?

您满意吗？您还有需要再修剪的地方吗？
마음에 드십니까? 커팅을 더 원하시는 곳이 있습니까?

满意〕那带您去洗发 辛苦了 顾客
만족) 샴푸해드리겠습니다. 수고하셨습니다.</td><td>收理发服的时候注意不要把头发掉到顾客衣服里
커트보를 치울 때 머리카락이 고객 옷에 떨어지지 않게 주의

中途检查是否是顾客想要的长度
원하는 기장이 맞는지 중간 체크

操作中确认是否对顾客带来不便
시술 중 고객의 불편함 체크</td></tr>
<tr><td>(예시)
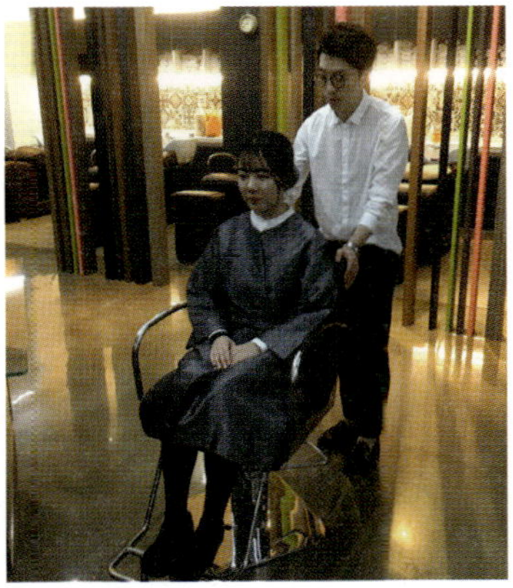</td><td>MEMO</td></tr>
</table>

실무 단어

顾客接客用语 고객 접객 용어	重点 포인트
不满意) 不好意思 顾客 불만족) 죄송합니다. 고객님 您哪部分不满意？顾客 어느 부분이 마음에 안 드십니까? 您是指的哪部分？ 어느 부분 말씀이십니까?	使用后视镜子，前后发型都可以检查到 뒷거울 이용, 앞모습과 뒷모습 모두 체크할 수 있도록 함 一直注意表情，语气 표정, 어투에 항상 신경써야 함
(해당 이미지 사진을 붙여보세요)	MEMO

실무 단어

<table>
<tr><th>顾客接客用语
고객 접객 용어</th><th>重点
포인트</th></tr>
<tr><td>怎么帮您修剪呢？
(再修剪后用后视镜给顾客看后面的部分)
어떻게 커트해 드릴까요?
(재커트 후 뒷거울 보여준다.)
您有需要再修剪的地方吗？
커팅을 더 원하시는 곳이 있습니까?
那带您去洗发 辛苦了 顾客
샴푸해드리겠습니다. 수고하셨습니다. 고객님</td><td>使用后视镜子, 前后发型都可以检查到
뒷거울 이용, 앞모습과 뒷모습 모두 체크할 수 있도록 함
一直注意表情, 语气
표정, 어투에 항상 신경써야 함</td></tr>
<tr><td>(해당 이미지 사진을 붙여보세요)</td><td>MEMO</td></tr>
</table>

실무 단어

(해당 이미지 사진을 붙여보세요)

(해당 이미지 사진을 붙여보세요)

(해당 이미지 사진을 붙여보세요)

(해당 이미지 사진을 붙여보세요)

9 阶段：等待 | 9단계 : 대기

顾客接客用语 고객 접객 용어	重点 포인트
顾客等待 고객 대기 (行轻微德注目礼) 不好意思 顾客~ (가벼운 목례와 함께) 실례합니다. 고객님~ 在您等待的过程中，给您上茶吗？ 기다리시는 동안 차 드시겠습니까?	跟顾客确认是否是顾客想喝的茶水 고객이 원하시는 차인지 확인
(해당 이미지 사진을 붙여보세요)	MEMO

실무 단어

<table>
<tr><th>顾客接客用语
고객 접객 용어</th><th>重点
포인트</th></tr>
<tr><td>[顾客喝饮料的情况]
[음료를 드시겠다는 고객의 경우]

是的 顾客~
네 고객님~

(一边给顾客看价目表板)给您什么样的饮料？
(메뉴판을 보여주며) 어떤 음료를 드시겠습니까?

现在帮您准备好
바로 준비하겠습니다.</td><td>跟顾客确认是否是顾客想喝的茶水
고객이 원하시는 차인지 확인

杯子的清洁状
잔의 청결 상태 확인</td></tr>
<tr><td>(해당 이미지 사진을 붙여보세요)</td><td>MEMO</td></tr>
</table>

실무 단어

顾客接客用语 고객 접객 용어	重点 포인트
[顾客不喝饮料的情况] [음료를 드시지 않겠다는 고객의 경우] 顾客在您等待的期间给您拿杂志看一下？ 고객님 대기하시는 동안 잡지책 보시겠습니까? (一边给顾客送上杂志) (잡지책 드리며) 您等一会, 马上帮您安排 잠시만 기다려주시면 안내해드리겠습니다.	
(해당 이미지 사진을 붙여보세요)	MEMO

실무 단어

顾客接客用语 고객 접객 용어	重点 포인트
顾客您久等了 帮您把染烫碗去掉 고객님 많이 기다리셨죠. 롯드 제거해드리겠습니다. 您没有不舒服的地方吧？顾客 불편한 곳은 없으십니까? 고객님~ 顾客麻烦您移到洗发室 고객님 번거로우시겠지만 샴푸실로 이동해주시겠습니까? 谢谢您 顾客 고맙습니다. 고객님	注意在拿掉染烫碗的时候药剂不要掉在衣服上 롯드 제거 시 중화제가 옷에 떨어지지 않도록 주의
(해당 이미지 사진을 붙여보세요)	MEMO

실무 단어

(해당 이미지 사진을 붙여보세요)

(해당 이미지 사진을 붙여보세요)

(해당 이미지 사진을 붙여보세요)

(해당 이미지 사진을 붙여보세요)

10 阶段：造型 | 10단계 : 스타일링

顾客接客用语 고객 접객 용어	重点 포인트
现在给您收尾 마무리해드리겠습니다. 在家使用吹风机的方法是按方向吹的话，吹出的发型发卷更有弹力 댁에서 드라이 방법은 웨이브 방향으로 해주시면 탄력있는 스타일로 연출하실 수 있습니다.	一定要告知发型搭理的方法，注意事项 손질법, 주의 사항 반드시 고지
(해당 이미지 사진을 붙여보세요)	MEMO

실무 단어

顾客接客用语 고객 접객 용어	重点 포인트
您做完○○ 后，最好能避开○○，效果会更好 ○○○ 시술 후에는 과도한 샴푸는 피해주시는 게 좋습니다.	一定要告知发型搭理的方法，注意事项 손질법, 주의 사항 반드시 고지
(해당 이미지 사진을 붙여보세요)	MEMO

실무 단어

顾客接客用语 고객 접객 용어	重点 포인트
现在给您涂得产品有○○○ 效果，能让最后造型更出效果 지금 바르는 제품은 ○○○ 효과가 있어서 마무리 시 스타일 연출에 효과적입니다. 您满意吗？顾客 마음에 드십니까 고객님?	说明产品的特征及使用方法 제품의 특징 및 사용법 설명 注意不要强卖店内产品 점판 제품을 강요 판매하지 않도록 주의 化妆&搭配方法一起说明 메이크업 & 코디법 함께 설명
(해당 이미지 사진을 붙여보세요)	MEMO

실무 단어

顾客接客用语 고객 접객 용어	重点 포인트
(给顾客看后视镜) (뒷거울 보여드린다) 有需要给您再完善完善的地方吗？ 더 보완해드릴 곳 있습니까? 辛苦您了 顾客~ 수고하셨습니다. 고객님~	说明产品的特征及使用方法 제품의 특징 및 사용법 설명 注意不要强卖店内产品 점판 제품을 강요 판매하지 않도록 주의 化妆&搭配方法一起说明 메이크업 & 코디법 함께 설명
(해당 이미지 사진을 붙여보세요)	MEMO

실무 단어

(해당 이미지 사진을 붙여보세요)

(해당 이미지 사진을 붙여보세요)

(해당 이미지 사진을 붙여보세요)

(해당 이미지 사진을 붙여보세요)

11阶段：付款 | 11단계 : 입금(결제)

顾客接客用语 고객 접객 용어	重点 포인트
这是您保管物品的钥匙 顾客~ 받으신 락커 키 주시겠습니까 고객님~ 帮您取回您存的物品 소지품 돌려드리겠습니다.	
(해당 이미지 사진을 붙여보세요)	MEMO

실무 단어

顾客接客用语 고객 접객 용어	重点 포인트
顾客您的发型满意吗？ 고객님 헤어스타일은 맘에 드십니까? (对操作内容进行说明) (시술 내용 설명한다.) 给您做了剪染 对吗？ 커트에 염색하셨네요. 맞으십니까?	加入會員了? 회원으로 등록 되어 있나요?
(해당 이미지 사진을 붙여보세요)	MEMO

실무 단어

顾客接客用语 고객 접객 용어	重点 포인트
顾客~剪发价格是〇〇元，染发价格是00元 고객님~ 가격은 커트 ㅇㅇ원에 염색이 ㅇㅇ원입니다. 加在一起价格是〇〇元 합계 가격은 ㅇㅇㅇ원입니다. 您有会员卡吗？ 혹시 멤버십 카드 소지하고 계십니까?	加入會員了? 회원으로 등록 되어 있나요?
(해당 이미지 사진을 붙여보세요)	MEMO

실무 단어

顾客接客用语 고객 접객 용어	重点 포인트
[有的情况] [소지하고 있을 경우] (确认后) (확인 후) 您是vip顾客 vip 고객님이시네요. 给您打完○○%折是00元 시술 금액에서 ○○% 할인받으시면 ○○원입니다.	加入會員了? 회원으로 등록 되어 있나요?
(해당 이미지 사진을 붙여보세요)	MEMO

실무 단어

顾客接客用语 고객 접객 용어	重点 포인트
[没有的情况] [소지하고 있지 않을 경우] 您如果加入我们的会员可以有〇〇%的折扣 저희 멤버십 회원이 되시면 ○○% 할인을 받으실 수 있습니다.	加入會員了? 회원으로 등록 되어 있나요?
(해당 이미지 사진을 붙여보세요)	MEMO

실무 단어

顾客接客用语 고객 접객 용어	重点 포인트
然后也会有很多福利优惠 멤버십 회원으로 혜택도 받으실 수 있습니다. 给您办一下会员吗？ 멤버십 회원으로 등록해드려도 괜찮으시겠습니까? 谢谢 顾客~ 감사합니다. 고객님~	加入會員了? 회원으로 등록 되어 있나요?
(해당 이미지 사진을 붙여보세요)	MEMO

실무 단어

顾客接客用语 고객 접객 용어	重点 포인트
(结 账) (결 제) [银行卡] [카드] 您用卡结吗？ 카드로 결제하시겠습니까? (一边接过银行卡) 谢谢 (카드를 받으며) 고맙습니다. 顾客~ 请您签名 谢谢 고객님~ 사인해 주시겠습니까?	加入會員了? 회원으로 등록 되어 있나요?
(해당 이미지 사진을 붙여보세요)	MEMO

실무 단어

顾客接客用语 고객 접객 용어	重点 포인트
(结 账) (결 제) [现金] [현금] 收到○○元 顾客 ○○원 받았습니다. 找给您○○元 谢谢 거스름돈 ○○원입니다. 고맙습니다.	加入會員了? 회원으로 등록 되어 있나요?
(해당 이미지 사진을 붙여보세요)	MEMO

실무 단어

顾客接客用语 고객 접객 용어	重点 포인트
结完帐后递给名片 (계산 종료 후 명함 건네기) 我是〇〇〇设计师 我星期〇休班 ○○○ 디자이너입니다. ○요일은 휴무입니다.	收受名片习惯化 명함 수수법 습관화
(해당 이미지 사진을 붙여보세요)	MEMO

실무 단어

顾客接客用语 고객 접객 용어	重点 포인트
如果您想了解更多发型搭理方法或您下次再次来的时候欢迎提前预约 谢谢！ 손질 방법이 궁금하시거나 재방문 전 예약주시면 감사하겠습니다. 谢谢 您慢走 顾客~ 고맙습니다. 안녕히 가십시오 고객님~ (热情微笑) (환한 미소로 응대)	设计师，实习生一定要欢送顾客 디자이너, 인턴은 배웅 인사를 꼭 한다.
(해당 이미지 사진을 붙여보세요)	MEMO

실무 단어

(해당 이미지 사진을 붙여보세요)

(해당 이미지 사진을 붙여보세요)

(해당 이미지 사진을 붙여보세요)

(해당 이미지 사진을 붙여보세요)

12 12阶段：欢送 | 12단계 : 환송

顾客接客用语 고객 접객 용어	重点 포인트
欢迎您下次再来 顾客~ 또 방문해 주십시오. 고객님~ (最热情的表情, 欢送) (가장 밝은 표정, 인사)	注意不要 고객보다 먼저 등을 보이지 않도록 주의

실무 단어

(해당 이미지 사진을 붙여보세요)

(해당 이미지 사진을 붙여보세요)

(해당 이미지 사진을 붙여보세요)

(해당 이미지 사진을 붙여보세요)